规模猪场（种猪场）

非洲猪瘟防控
生物安全手册

中国动物疫病预防控制中心

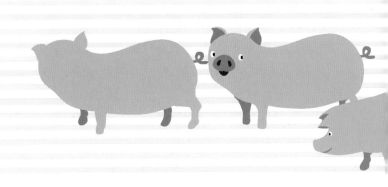

中国农业出版社
北京

图书在版编目（CIP）数据

规模猪场（种猪场）非洲猪瘟防控生物安全手册/
中国动物疫病预防控制中心编．—北京：中国农业出版
社，2019.11
　　ISBN 978-7-109-26123-5

　　Ⅰ.①规…　Ⅱ.①中…　Ⅲ.①猪瘟-防治-手册
Ⅳ.①S858.28-62

　　中国版本图书馆CIP数据核字（2019）第243711号

中国农业出版社出版
地址：北京市朝阳区麦子店街18号楼
邮编：100125
责任编辑：姚　佳
版式设计：王　晨　责任校对：吴丽婷
印刷：北京通州皇家印刷厂
版次：2019年11月第1版
印次：2019年11月北京第1次印刷
发行：新华书店北京发行所
开本：700mm×1000mm　1/16
印张：4.25
字数：53千字
定价：30.00元

版权所有·侵权必究
凡购买本社图书，如有印装质量问题，我社负责调换。
服务电话：010 - 59195115　010 - 59194918

丛书编委会

主 任 委 员　陈伟生

副主任委员　沙玉圣　辛盛鹏

委　　　员　翟新验　张　杰　李文京　王传彬

　　　　　　张淼洁　吴佳俊　张宁宁

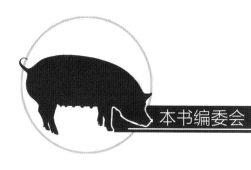

本书编委会

主　　编　翟新验

副 主 编　刘林青　张倩　张淼洁

编　　者（以姓氏笔画为序）

王羽新　王红梅　付　雯　刘从敏

刘俞君　齐　鲁　关婕葳　杜　建

李　琦　李孝文　汪运舟　宋岱松

张宁宁　张劭俣　陈兆叁　陈慧娟

韩铁锁　穆佳毅

总　序

2018年8月，辽宁省报告我国首例非洲猪瘟疫情，随后各地相继发生，对我国养猪业构成了严重威胁。调查显示，餐厨剩余物（泔水）喂猪、人员和车辆等机械带毒、生猪及其产品跨区域调运是造成我国非洲猪瘟传播的主要方式。从其根本性原因上看，在于从生猪养殖到屠宰全链条的生物安全防护意识淡薄、水平不高、措施欠缺，为此，中国动物疫病预防控制中心在实施"非洲猪瘟综合防控技术集成与示范"项目时，积极探索、深入研究、科学分析各个关键风险点，从规范生猪养殖场生物安全体系建设、屠宰厂（场）生产活动、运输车辆清洗消毒，以及疫情处置等多个方面入手，组织相关专家编写了"非洲猪瘟综合防控技术系列丛书"，并配有大量插图，旨在为广大基层动物防疫工作者和生猪生产、屠宰等从业人员提供参考和指导。由于编者水平有限，加之时间仓促，书中难免有不足和疏漏之处，恳请读者批评指正。

编委会
2019年9月于北京

前　言

　　猪场生物安全指识别威胁养猪生产的风险因素，通过科学、有效的技术手段和管理措施加以控制，防止或阻断病原体侵入、侵袭猪群，确保养猪生产的健康、稳定。猪场生物安全包括外部生物安全和内部生物安全，外部生物安全主要是防止病原微生物通过可能的载体传入场内和防止场内疫病向外传播；内部生物安全主要是控制场内病原在猪群间的循环。生物安全是一门科学管理和实践学科，既包括科学的方法，也包括有效的实践。其主要内容包括猪场选址、猪舍布局、生产模式、洗消中心管理、引种控制、主要病原载体（猪、车辆、饲料、物资、精液、人、食品、动物、空气等）进出途径以及内部生产周转等。

　　猪场生物安全工作是所有疫病预防和控制的基础，也是最有效、成本最低的健康管理措施。特别在当前我国非洲猪瘟疫情严峻形势下，加强规模猪场生物安全体系建设，切断病原传播链条，对于控制、扑灭和根除非洲猪瘟意义重大，编制此手册，以期对非洲猪瘟等重大动物疫病防控提供参考。

目　　录

第一章　场址选择

猪场场址选择主要包括猪场周围养殖环境和地理位置。猪场周围养殖环境包括周围猪只存栏和高风险场所；猪场地理位置包括天然地理条件和交通布局等。

1　猪场周围养殖环境

1.1　周围猪只存栏

实地查看并统计0～3千米、3～10千米范围内猪场数量和猪只存栏量，标记3千米内猪场和养殖户的位置，其分布与选址猪场位置越近，生物安全威胁越大。计算选址猪场周围3千米范围内猪只密度以及10～50千米范围内野猪密度，密度越大生物安全威胁越大。

1.2　高风险场所

屠宰场、病死动物无害化处理场、粪污消纳点、农贸交易市场、其他动物养殖场/户、垃圾处理场、车辆洗消场所及动物诊疗场所等均为生物安全高风险场所，猪场选址时应与上述场所保持一定的生物安全距离（图1-1）。

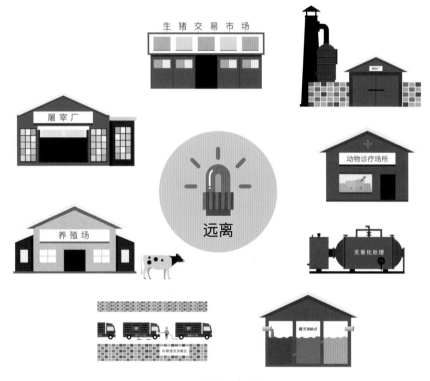

图1-1　高风险场所

2　猪场地理位置

2.1　自然条件

充分考虑地形与地势，猪场生物安全高低依次为：高山优于丘陵优于平原。

2.2 主干道距离

猪场与最近公共道路的距离大于500米。猪场离公共道路越近，周边公共道路交叉越多，生物安全风险越大（图1-2）。

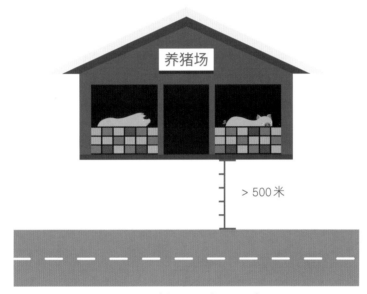

图1-2 猪场距公路＞500米

2.3 其他公共资源距离

猪场与城镇居民区、文化教育科研等人口集中区域距离大于500米。

猪场须每年对周围养殖环境进行调查评估，了解周围生物安全风险，根据生物安全风险点的变化制定针对性防控措施。

第二章　场内布局

　　猪场饲养模式一般分为一点式和多点式。相对一点式，多点式饲养可有效避免病原在不同生产区之间的循环传播，降低疫病风险，但不同点之间转运猪只可能带来疫病风险（图2-1、图2-2）。

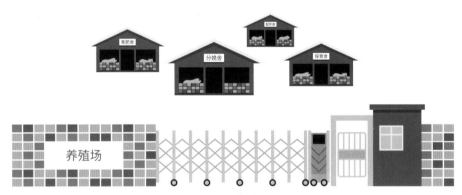

图2-1　一点式饲养

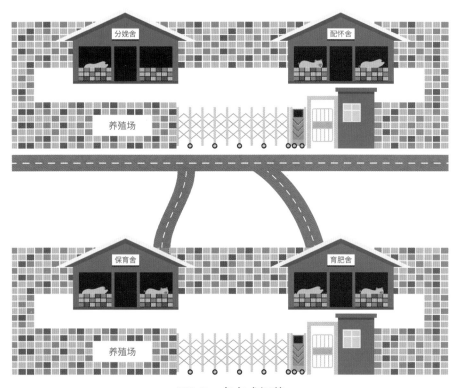

图2-2 多点式饲养

1 猪场功能区

猪场主要功能区包括办公区、生活区、生产区、隔离区及环保区等。办公区设置办公室、会议室等；生活区为人员生活、休息及娱乐的场所；生产区是猪群饲养的场所，是猪场的主要建筑区域，也是生物安全防控的重点区域；隔离区主要是引进后备猪时隔离使用；环保区主要包括粪污处理、病死猪无害化处理以及垃圾处理等区域。

种猪场还包括选种区。选种区的设计应使外部选种人员直接从场外进入选种展示厅，而不经过猪场内部，可采用玻璃等有效措施将外部选种人员与猪群完全隔离（图2-3）。

图2-3　选种区

2　净区与污区

净区与污区是相对的概念，生物安全级别高的区域为相对的净区，生物安全级别低的区域为相对的污区。

在猪场的生物安全金字塔中，公猪舍、分娩舍、配怀舍、保育舍、育肥舍和出猪台的生物安全等级依次降低。猪只和人员单向流动，从生物安全级别高的地方到生物安全级别低的地方，严禁逆向流动（图2-4）。

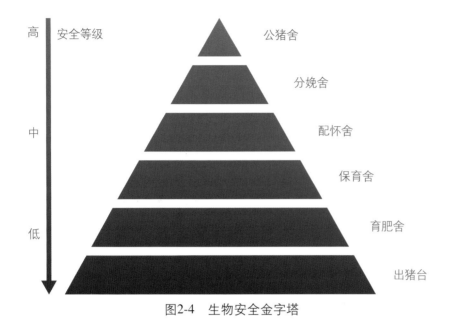

图2-4 生物安全金字塔

3 边界围墙／围网

猪场使用围墙或围网与外界隔离，尤其生产区须使用围墙与外界隔离。

4 道路

猪场内部设置净道与污道，避免交叉。

5 门岗

猪场采用密闭式大门，设置"限制进入"等明显标识（图2-5）。

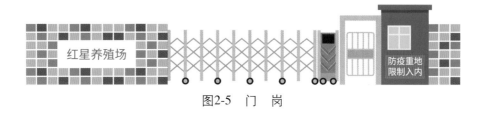

图2-5 门 岗

门岗设置入场洗澡间。洗澡间布局须净区、污区分开，从外向内单向流动。洗澡间须有存储人员场外衣物的柜子。

门岗设置物资消毒间。消毒间设置净区、污区，可采用多层镂空架子隔开。物资由污区侧（猪场外）进入，消毒后由净区侧（生活区）转移至场内。

门岗设置全车洗消的设施设备，包括消毒池、消毒机、清洗设备及喷淋装置等（图2-6）。

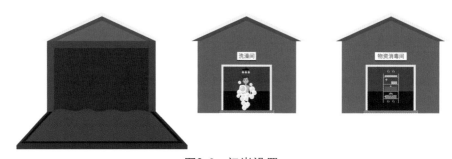

图2-6 门岗设置

6 场区洗澡间及物资消毒间

场区洗澡间是人员从生活区进入生产区换衣、换鞋及洗澡的场所。确保洗澡间舒适，具备保暖设施设备和稳定的热水供应等。洗澡间旁设置洗衣房和物资消毒间，分别用于生产区内衣物清洗、消毒和进入生产区物资的消毒（图2-7）。

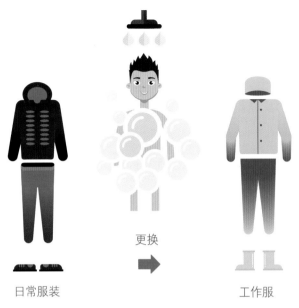

更换

日常服装　　　　　　　　　　工作服

图2-7　场区洗澡更衣

7　料塔

料塔设置在猪场内部靠近围墙边，满足散装料车在场外打料。或者建立场内饲料中转料塔，配置场内中转饲料车。确保内部饲料车不出场，外部饲料车不进场（图2-8）。

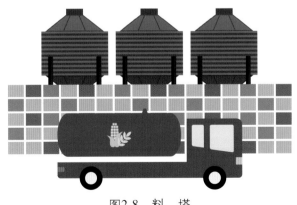

图2-8　料　塔

8 出猪台／通道

出猪台/通道是与外界接触的地方，须有标识或实物将净区、污区隔开，不同区域人员禁止交叉。建议种猪场和规模猪场使用场外中转车转运待售猪只。中转站距离猪场至少3千米（图2-9）。

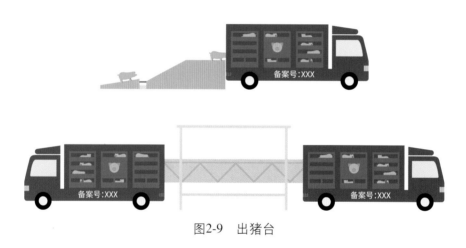

图2-9　出猪台

9 引种隔离舍

引种隔离舍距离生产区至少500米。隔离舍具备人员洗澡和居住的条件，猪只隔离期间，人员居住在隔离舍，猪只检疫合格后解除人员隔离。

第三章 猪群管理

猪群管理主要包括后备猪管理、精液引入管理、猪只转群管理，以及猪群环境控制等。

1 后备猪管理

建立科学合理的后备猪引种制度，包括引种评估、隔离舍的准备、引种路线规划、隔离观察及入场前评估等。

1.1 引种评估

资质评估：供种场具备《种畜禽生产经营许可证》，所引后备猪具备《种畜禽合格证》《动物检疫合格证明》及《种猪系谱证》；由国外引进后备猪，具备国务院畜牧兽医行政部门的审批意见和出入境检验检疫部门的检测报告。

健康度评估：引种前评估供种场猪群健康状态，供种场猪群健康度高于引种场。评估内容包括：猪群临床表现；口蹄疫、猪瘟、非洲猪瘟、猪繁殖与呼吸综合征、猪伪狂犬病、猪流行性腹泻及猪传染性胃肠炎等病原学和血清学检测；死淘记录、生长速度及料肉比等生产记录（图3-1）。

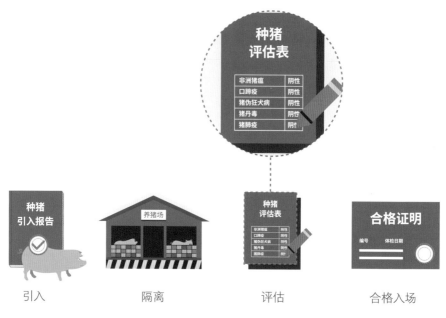

图3-1　引种管理

1.2　隔离舍的准备

后备猪在引种场隔离舍进行隔离；由国外引种，在指定隔离场进行隔离。

隔离舍清洗、消毒：后备猪到场前完成隔离舍的清洗、消毒、干燥及空栏。

物资准备：后备猪到场前完成药物、器械、饲料、用具等物资的消毒及储备。

人员准备：后备猪到场前安排专人负责隔离期间的饲养管理工作，直至隔离期结束。

1.3 引种路线规划

后备猪转运前对路线距离、道路类型、天气、沿途城市、猪场、屠宰场、村庄、加油站及收费站等调查分析，确定最佳行驶路线和备选路线。

1.4 隔离观察

隔离期内，密切观察猪只临床表现，进行病原学检测，必要时实施免疫。

1.5 入场前评估

隔离结束后对引进猪只进行健康评估，包括口蹄疫、猪瘟、非洲猪瘟、猪繁殖与呼吸综合征、猪流行性腹泻及传染性胃肠炎等抗原检测，以及猪伪狂犬病gE抗体、口蹄疫感染抗体、口蹄疫O型抗体、口蹄疫A型抗体、猪瘟抗体及猪伪狂犬病gB抗体等抗体检测。

2 精液引入管理

精液经评估后引入，评估内容包括供精资质评估和病原学检测。

2.1 供精资质评估

外购精液具备《动物检疫合格证明》；由国外引入精液，具备国务院畜牧兽医行政部门的审批意见和出入境检验检疫部门的检测报告。

2.2 病原学检测

猪瘟、非洲猪瘟、猪繁殖与呼吸综合征及猪伪狂犬病等病毒和链球菌等细菌检测为阴性（图3-2）。

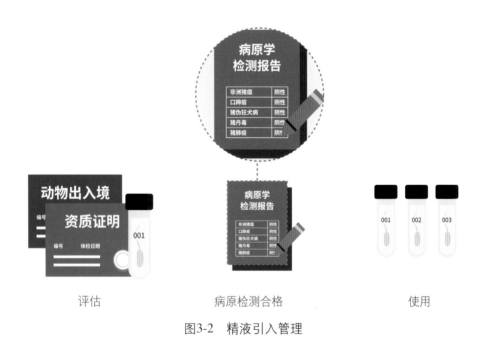

图3-2　精液引入管理

3 猪只转群管理

猪场生产区功能单元主要包括：公猪舍、隔离舍、后备猪培育舍、配怀舍、分娩舍、保育舍及育肥舍等。猪只转群过程中存在疫病传播风险。

3.1 全进全出管理

隔离舍、后备猪培育舍、分娩舍、保育舍及育肥舍执行严格的批次间全进全出。

转群时，避免不同猪舍的人员交叉；转群后，对猪群经过的道路进行清洗、消毒，对栋舍进行清洗、消毒、干燥及空栏。

3.2 猪只转运管理

猪只转运一般包括断奶猪转运、淘汰猪转运、肥猪转运以及后备猪转运。根据运输车辆是否自有可控分为两类：自有可控车辆可在猪场出猪台进行猪只转运；非自有车辆不可接近猪场出猪台，由自有车辆将猪只转运到中转站交接。

建议使用三段赶猪法进行猪只转运。将整个赶猪区域分为净/灰/污三个区域，猪场一侧（或中转站自有车辆一侧）为净区，拉猪车辆为污区，中间地带为灰区。不同区域由不同人员负责，禁止人员跨越区域界线或发生交叉。

猪只转运时，到达出猪台或中转站的猪只需转运离开，禁止返回场内。转运后，对出猪台/中转站清洗、消毒。

4 猪群环境控制

合适的饲养密度、合理的通风换气、适宜的温度、湿度及光照是促进生猪健康生长的必要条件,相关指标参考《标准化规模养猪场建设规范》（NY/T1568—2007）、《规模猪场环境参数与环境管理》（GB/T17824.3—2008）。

第四章　人员管理

根据不同区域生物安全等级进行人员管理，人员遵循单向流动原则，禁止逆向进入生物安全更高级别区域。

1　入场人员审查

外部人员到访需提前24小时向猪场相关负责人提出申请，经近期活动背景审核合格后方可前来访问。

猪场休假人员返场需提前12小时向猪场相关负责人提出申请，经人员近期活动背景审查合格后方可返场。

人员在进场前3天不得去其他猪场、屠宰场、无害化处理场及动物产品交易场所等生物安全高风险场所。

2　人员进入办公区／生活区流程

每个流程分区管理，责任到人，监督落实，关键点安装摄像头进行实时管理。

2.1 入场证明

入场人员需持审核合格证明到达猪场大门处。

2.2 登记

在门卫处进行入场登记，包括日期、姓名、单位、进场原因、最后一次接触猪只日期、离开时间及是否携带物品等，并签署相关生物安全承诺书（图4-1）。

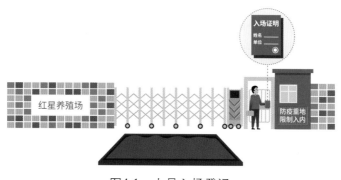

图4-1　人员入场登记

2.3 淋浴

洗澡后，更换干净衣服及鞋靴入场，注意头发及指甲的清洗。

2.4 携带物品

携带物品经消毒后入场，严禁携带偶蹄动物肉制品入场（图4-2）。

图4-2   人员进入办公区及生活区流程

2.5 隔离

在规定区域活动，完成36小时以上隔离，未经允许，禁止进入生产区（图4-3）。

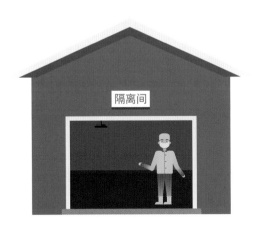

图4-3   隔 离

3 人员进入生产区流程

参考进入办公区/生活区流程进入生产区。注意人员在生产区洗澡间洗澡的同时，携带物品须经生产区物资消毒间消毒后进入（图4-4）。

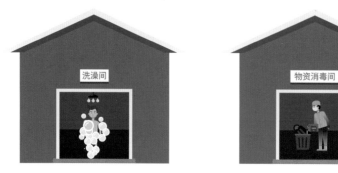

图4-4　人员进入生产区洗澡消毒

4　人员进入生产单元流程

人员按照规定路线进入各自工作区，禁止进入未被授权的工作区。

进出生产单元均清洗、消毒工作靴。先刷洗鞋底鞋面粪污，后在脚踏消毒盆浸泡消毒。人员离开生产区，将工作服放置指定收纳桶。

疫情高风险时期，人员应避免进入不同生产单元。如确需进入，更换工作服和工作靴（图4-5）。

图4-5　清洗消毒工作靴

第五章　车辆管理

猪场车辆包括外部运猪车、内部运猪车、散装料车、袋装料车、死猪/猪粪运输车以及私人车辆等（图5-1）。

外部运猪车　　　　　　　　内部运猪车

散装料车　　　　　　　　无害化处理用车

图5-1　车辆管理

1 外部运猪车

外部运猪车尽量自有、专场专用。如使用非自有车辆，则严禁运猪车直接接触猪场出猪台，猪只经中转站转运至运猪车内。

1.1 清洗与消毒

运猪车清洗、消毒及干燥后，方可接触猪场出猪台或中转站。运猪车使用后及时清洗、消毒及干燥。具体流程参见第八章。

1.2 司乘人员管理

司乘人员48～72小时内未接触本场以外的猪只。接触运猪车前，穿着干净且消毒的工作服。如参与猪只装载时，则应穿着一次性隔离服和干净的工作靴，禁止进入中转站或出猪台的净区一侧。运猪车严禁由除本车司机以外的人员驾驶。

2 内部运猪车

猪场设置内部运猪车，专场专用。

2.1 清洗与消毒

选择场内空间相对独立的地点进行车辆洗消和停放。洗消后，在固定的地点停放。洗消地点应配置高压冲洗机、消毒剂、清洁剂及热风机等设施设备。

运猪车使用后立即到指定地点清洗、消毒及干燥。流程包括：高压冲洗，确保无表面污物；清洁剂处理有机物；消毒剂喷洒消毒；充分干燥。

2.2 司乘人员管理

司乘人员由猪场统一管理。接触运猪车前，穿着一次性隔离服和干净的工作靴。运猪车上应配一名装卸员，负责开关笼门、卸载猪只等工作，装卸员穿着专用工作服和工作靴，严禁接触出猪台和中转站。

2.3 运输路线

按照规定路线行驶，严禁开至场区外。

3 散装料车

规模猪场应做到散装料车自有、专场专用。

3.1 清洗与消毒

散装料车清洗、消毒及干燥后，方可进入或靠近饲料厂和猪场。具体流程参见第八章。

3.2 司乘人员管理

严禁由司机以外的人驾驶或乘坐。如需进入生产区，司机严禁下车。

3.3 行驶路线

散装料车在猪场和饲料厂之间按规定路线行驶。避免经过猪场、其他动物饲养场及屠宰场等高风险场所。散装料车每次送料尽可能满载，减少运输频率。如需进场，须经严格清洗、消毒及干燥，打料结束后立即出场。

3.4 打料管理

如散装料车进入生产区内，打料工作由生产区人员操作，司机严禁下车。如无须进入生产区内，打料工作可由司机完成。

4 袋装料车

规模猪场应做到袋装料车自有，且尽量专场专用。

袋装料车经清洗、消毒及干燥后方可使用。如跨场使用，车辆清洗、消毒及干燥后，在指定地点隔离24～48小时后方可使用。

5 死猪／猪粪运输车

死猪/猪粪运输车专场专用。

交接死猪/猪粪时，避免与外部车辆接触，交接地点距离场区大于1千米。使用后，车辆及时清洗、消毒及干燥，并消毒车辆所经道路（图5-2）。

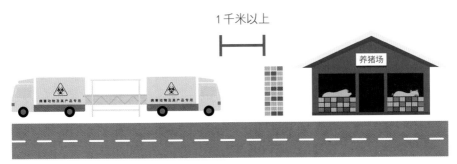

图5-2　病死猪场外交接

6　私人车辆

私人车辆禁止靠近场区。

第六章 物资管理

猪场物资主要包括食材、兽药疫苗、饲料、生活物资、设备以及其他物资等。

1 食材

1.1 食材的选取

食材生产、流通背景清晰、可控，无病原污染。偶蹄类动物生鲜及制品禁止入场。蔬菜和瓜果类食材无泥土、无烂叶，禽类和鱼类食材无血水，食用食品消毒剂清洗后入场（图6-1）。

图6-1 肉制品等禁止入场

1.2饭菜进入生产区

由猪场厨房提供熟食，生鲜食材禁止进入。饭菜容器经消毒后进入（图6-2）。

图6-2 生鲜食材禁止入场

2 兽药疫苗

2.1 进场消毒

疫苗及有温度要求的药品，拆掉外层纸质包装，使用消毒剂擦拭泡沫保温箱后，转入生产区药房储存。

其他常规药品，拆掉外层包装，经臭氧或熏蒸消毒，转入生产区药房储存。

2.2 使用和后续处理

严格按照说明书或规程使用疫苗及药品，做到一猪一针头，疫苗瓶等医疗废弃物及时无害化处理（图6-3）。

图6-3　一猪一针头

3 饲料

饲料无病原污染。袋装饲料中转至场内运输车辆，再运送至饲料仓库，经臭氧或熏蒸消毒后使用。所有饲料包装袋均与消毒剂充分接触。散装料车在场区外围打料降低疫病传入风险（图6-4）。

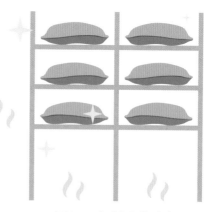

图6-4　饲料熏蒸消毒

4 生活物资

生活物资集中采购，经臭氧或熏蒸等消毒处理后入场，减少购买和入场频率。

5 设备

风机、钢筋等可以水湿的设备，经消毒剂浸润表面，干燥后入场。水帘、空气过滤网等不宜水湿的设备，经臭氧或熏蒸消毒后入场。

6 其他物资

五金、防护用品及耗材等其他物资，拆掉外包装后，根据不同材质进行消毒剂浸润、臭氧或熏蒸消毒，转入库房。

第七章　卫生与消毒

1　洗消试剂

1.1　清洁剂

清洁须重视清洁剂的使用。可选择肥皂水、洗涤净以及其他具有去污能力的清洁剂（图7-1）。

图7-1　洗消试剂

1.2　消毒剂

充分了解消毒剂的特性和适用范围。应考虑:能否迅速高效杀灭常见病原;能否与清洁剂共同使用,或自身是否具有清洁能力;最适温度范围,有效作用时间;不同用途的稀释比例;能否适应较硬的水质;是否刺激性小,无毒性、染色性及腐蚀性等。猪场定期更换消毒剂。常见消毒剂见表7-1。

表7-1 常用消毒剂的特性和适用范围

消毒剂种类	优 点	缺 点	适用范围
过氧化物	-作用速度快 -适用于病毒和细菌	-具有刺激性	-预防病毒性疫病 -水线消毒 -栏舍熏蒸
氯化物	-起效速度快 -对病毒、细菌均有效 -价格低廉	-具有腐蚀性 -遇有机物和硬水失活 -持续效果短 -具有刺激性	-栏舍熏蒸 -环境消毒
苯酚	-活性维持时间长 -对金属无腐蚀性 -对细菌消毒效果好 -价格低廉	-具有毒性 -腐蚀橡胶塑料 -可能的环境污染	-水泥地面
碘制剂	-安全性高，无毒无味 -起效速度快 -适用于病毒和细菌	-价格较贵 -某些碘制剂具有毒性	-适合足浴盆 -预防病毒性疫病
季铵盐类	-适用于水线消毒 -细菌消毒效果好 -安全性高	-有机物存在失效 -对真菌和芽孢效果不佳 -不能和清洁剂混用	-洗手 -水线消毒
醛类	-对病毒和细菌均有效	-可能具有毒性	-水泥地面 -车轮浸泡
碱类	-起效速度快 -对病毒、细菌均有效 -价格低廉	-可能具有毒性	-水泥地面 -车轮浸泡

2 栏舍消毒

2.1 空栏消毒

洗消前准备：准备高压冲洗机、清洁剂、消毒剂、抹布及钢丝球等设备和物品，猪只转出后立即进行栏舍的清洗、消毒（图7-2）。

物品消毒：对可移出栏舍的物品，移出后进行清洗、消毒。注意栏舍熏蒸消毒前，要将移出物品放置舍内并安装（图7-3）。

图7-2　消毒前准备

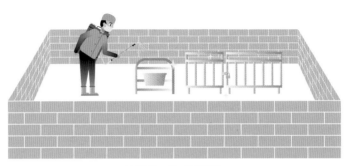

图7-3　物品消毒

水线消毒：放空水线，在水箱内加入温和无腐蚀性消毒剂，充满整条水线并作用有效时间（图7-4）。

栏舍除杂：清除粪便、饲料等固体污物；热水打湿栏舍浸润1小时，高压水枪冲洗，确保无粪渣、料块和可见污物（图7-5）。

图7-4　水线消毒

清除粪便、饲料　　1小时　　热水浸润

图7-5　栏舍除杂

栏舍清洁：低压喷洒清洁剂，确保覆盖所有区域，浸润30分钟，高压冲洗。必要时使用钢丝球或刷子擦洗，确保祛除表面生物膜（图7-6）。

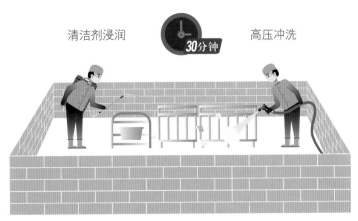

清洁剂浸润　　30分钟　　高压冲洗

图7-6　栏舍清洁

栏舍消毒：清洁后，使用不同消毒剂间隔12小时以上分别进行两次消毒，确保覆盖所有区域并作用有效时间，风机干燥（图7-7）。

第一次消毒　　12小时　间隔　　第二次消毒

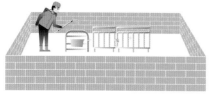
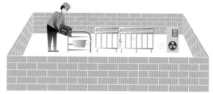

图7-7　栏舍消毒

栏舍白化：必要时使用石灰浆白化消毒，避免遗漏角落、缝隙（图7-8）。

图7-8　栏舍白化

熏蒸和干燥：消毒干燥后，进行栏舍熏蒸。熏蒸时栏舍充分密封并作用有效时间，熏蒸后空栏通风36小时以上（图7-9）。

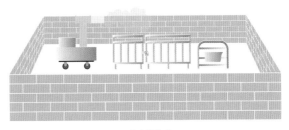

密封熏蒸

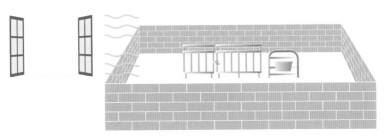

通风36小时

图7-9　熏蒸和干燥

2.2 日常消毒

栏舍内粪便和垃圾每日清理，禁止长期堆积。发现蛛网随时清理。

病死猪及时移出，放置和转运过程保持尸体完整，禁止剖检，及时清洁、消毒病死猪所经道路及存放处（图7-10）。

禁止场内剖解

图7-10　病死猪禁止场内剖解

3 场区环境消毒

3.1 场区外部消毒

外部车辆离开后，及时清洁、消毒猪场周边所经道路（图7-11）。

图7-11　场区外部消毒

3.2 场内道路消毒

定期进行全场环境消毒。必要时提高消毒频率，使用消毒剂喷洒道路或石灰浆白化。猪只或拉猪车经过的道路须立即清洗、消毒。发现垃圾即刻清理，必要时进行清洗、消毒（图7-12）。

图7-12　场区环境消毒

3.3　出猪台消毒

转猪结束后立即对出猪台进行清洗、消毒。先清洗、消毒场内净区与灰区，后清洗、消毒场外污区，方向由内向外，严禁人员交叉、污水逆流回净区（图7-13）。

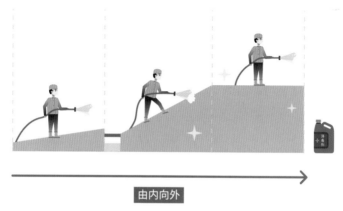

由内向外

图7-13　出猪台消毒

洗消流程：先冲洗可见粪污，喷洒清洁剂覆盖30分钟，清水冲洗并干燥，后使用消毒剂消毒。

4 工作服和工作靴消毒

猪场可采用"颜色管理"，不同区域使用不同颜色/标识的工作服，场区内移动遵循单向流动的原则。

4.1 工作服消毒

人员离开生产区，将工作服放置指定收纳桶，及时消毒、清洗及烘干。流程：先浸泡消毒作用有效时间，后清洗、烘干（图7-14）。

图7-14　工作服消毒

生产区工作服每日消毒、清洗。发病栏舍人员，使用该栏舍专用工作服和工作靴，本栏舍内消毒、清洗。

4.2 工作靴消毒

进出生产单元均须清洗、消毒工作靴。流程：先刷洗鞋底鞋面粪污，后在脚踏消毒盆浸泡消毒。消毒剂每日更换。

5 设备和工具消毒

栏舍内非一次性设备和工具经消毒后使用。设备和工具专舍专用，如需跨舍共用，须经充分消毒后使用。根据物品材质选择高压蒸汽、煮沸、消毒剂浸润、臭氧或熏蒸等方式消毒。

第八章 洗消中心管理

有条件的猪场应建立洗消中心，洗消中心具备对车辆（运猪车、运料车等）清洗、消毒及烘干等功能，以及对随车人员、物品的清洗、消毒功能。

1 选址与功能单元

洗消中心选址在猪场3千米附近，距离其他动物养殖场/户大于500米。

洗消中心功能单元包括值班室、洗车房、干燥房、物品消毒通道、人员消毒通道、动力站、硬化路面、废水处理区、衣物清洗干燥间、污区停车场及净区停车场等。洗消中心设置净区、污区，洗消流程单向流动。

2 洗消流程

2.1 前期准备

司机驾车驶入洗消区，司机沿规定路线前往洗澡间洗澡（图8-1）。

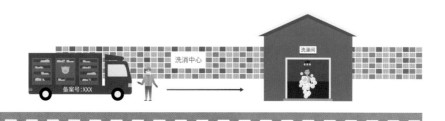

图8-1　前期准备

2.2 驾驶室清理

取下脚垫进行清洗、消毒，清理驾驶室内灰尘。消毒剂擦拭驾驶室内部，喷洒或烟雾消毒驾驶室（图8-2）。

图8-2　驾驶室清理

2.3 初次清洗

车厢按照从上到下、从前到后的顺序进行猪粪、锯末等污物清洁。低压打湿车厢及外表面，浸润10～15分钟。底盘按照从前到后进行清洗。按照先内后外，先上后下，从前到后的顺序高压冲洗车辆。注意刷洗车顶角、栏杆及温度感应器等死角（图8-3）。

打湿浸润

底盘清洗   清洗死角

图8-3   初步清洗

2.4 泡沫浸润

对全车喷洒泡沫，全覆盖泡沫浸润15分钟（图8-4）。

图8-4　泡沫浸润

2.5　二次清洗

再次按照从内到外、从上到下、从前到后的顺序高压冲洗（图8-5）。

图8-5　二次冲洗

2.6　沥水干燥

清洗完毕后，沥水干燥或风筒吹干，必要时采用暖风机保证干燥效果。确保无泥沙、无猪粪和无猪毛，否则重洗（图8-6）。

图8-6　沥水干燥

2.7 消毒

对全车进行消毒剂消毒，静置作用有效时间（图8-7）。

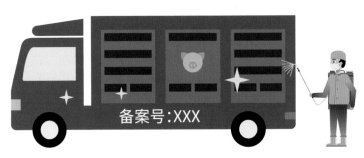

图8-7　消　毒

2.8 烘干

司机洗澡、换衣及换鞋后按规定路线进入洗车房提取车辆，驾车驶入烘干房进行烘干。烘干房密闭性良好，车辆70℃烘干30分钟。烘干后车辆停放在净区停车场（图8-8）。

图8-8 烘 干

2.9 洗车房及设备处理

车辆洗消后,洗消洗车房地面。高压清洗机、泡沫清洗机、烘干机及液压升降平台等设备经消毒后方可再次使用。使用过的工作服、工作靴和清洁工具移出洗消房,在指定区域清洗、消毒及干燥(图8-9)。

图8-9 洗车房及设备处理

第九章 风险动物控制

牛、羊、犬、猫、野猪、鸟、鼠、蜱及蚊蝇等动物可能携带危害猪群健康的病原，禁止在猪场内和周围出现（图9-1）。

犬、猫、野猪、鸟、鼠、蜱及蚊蝇

图9-1 风险动物

1 外围管理

了解猪场所处环境中是否有野猪等野生动物，发现后及时驱赶。选用密闭式大门，与地面的缝隙不超过1厘米，日常保持关闭状态。建设环绕场区围墙，防止缺口。禁止种植攀墙植物。定期巡视，发现漏洞及时修补（图9-2）。

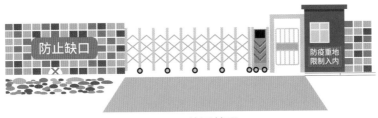

图9-2　外围管理

2　场内管理

猪舍大门保持常闭状态。猪舍外墙完整，除通风口、排污口外不得有其他漏洞，并在通风口、排污口安装高密度铁丝网，侧窗安装纱网，防止鸟类和老鼠进入。吊顶漏洞及时修补。赶猪过道和出猪台设置防鸟网，防止鸟类进入。

使用碎石子铺设80～100厘米的隔离带，用以防鼠；老鼠出没处每6～8米设立投饵站，投放慢性杀鼠药；可聘请专业团队定期进行灭鼠（图9-3）。

图9-3　防鼠措施

猪舍内悬挂捕蝇灯和粘蝇贴，定期喷洒杀虫剂。猪舍内缝隙、孔洞是蜱虫的藏匿地，发现后向内喷洒杀蜱药物（如菊酯类、脒基类），并水泥填充抹平。

场内禁止饲养宠物，发现野生动物及时驱赶和捕捉。猪舍周边清除杂草，场内禁止种植树木，减少鸟类和节肢动物生存空间。

3 环境卫生

及时清扫猪舍、仓库及料塔等散落的饲料，做好厨房清洁，及时处理餐厨垃圾，避免给其他动物提供食物来源。做好猪舍、仓库及药房等卫生管理，杜绝卫生死角。

第十章　污物处理

猪场污物主要包括病死猪、粪便、污水、医疗废弃物、餐厨垃圾以及其他生活垃圾等。

1 病死猪无害化处理

猪场死猪、死胎及胎衣严禁出售和随意丢弃，及时清理并放置指定位置。猪场按照《病死及病害动物无害化处理技术规范》（农医发〔2017〕25号）等相关法律法规及技术规范建立场内无害化处理设施设备，进行场内无害化处理。没有条件场内处理的需由地方政府统一收集进行无害化处理。如无法当日处理，需低温暂存（图10-1）。

图10-1　病死猪处理

2 粪便无害化处理

使用干清粪工艺猪场，及时将粪清出，运至粪场，不可与尿液、污水混合排出。清粪工具、推车等每周至少清洗、消毒一次。

使用水泡粪工艺猪场，及时清扫猪粪至粪池。分娩舍、保育舍及育肥舍每批次清洗一次，配怀舍定期排出粪水，进行清理。

猪场设置贮粪场所，位于下风向或侧风向，贮粪场所有效防渗，避免污染地下水。按照《畜禽粪便无害化处理技术规范》（GB/T 36195—2018）进行粪便无害化处理。

3 污水处理

猪场具备雨污分流设施，确保管道通畅。污水经综合处理，达到排放标准后排放，严禁未经处理直接排放。

4 医疗废弃物处理

猪场医疗废弃物包括过期的兽药疫苗，使用后的兽药瓶、疫苗瓶及生产过程中产生的其他废弃物。根据废弃物性质采取煮沸、焚烧及深埋等无害化处理措施，严禁随意丢弃（图10-2）。

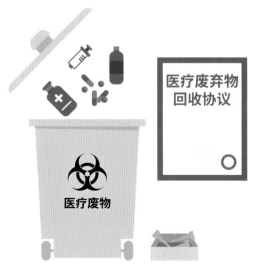

图10-2 医疗废弃物处理

5 餐厨垃圾处理

餐厨垃圾每日清理，严禁饲喂猪只（图10-3、图10-4）。

图10-3 餐厨垃圾每日清理

图10-4　泔水严禁饲喂猪只

6 其他生活垃圾处理

对生活垃圾源头减量，严格限制不可回收或对环境高风险的生活物品的进入。场内设置垃圾固定收集点，明确标识，分类放置。垃圾收集、贮存、运输及处置等过程须防扬散、流失及渗漏。生活垃圾按照国家法律法规及技术规范进行焚烧、深埋或由地方政府统一收集处理。

第十一章 制度管理与人员培训

完善的生物安全体系在于有效的组织管理以及措施的落地执行。

1 生物安全制度管理

1.1 生物安全小组

猪场成立生物安全体系建设小组，负责生物安全制度建立，督导措施的执行和现场检查（图11-1）。

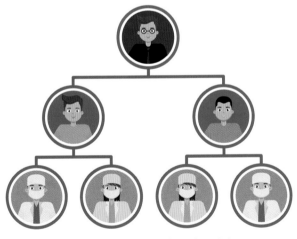

图11-1 生物安全体系建设小组

1.2 制定规程

针对生物安全管理的各个环节，制定标准操作规程，并要求人员严格执行。将各项规程在适宜地点张贴，随时可见并方便获得（图11-2）。

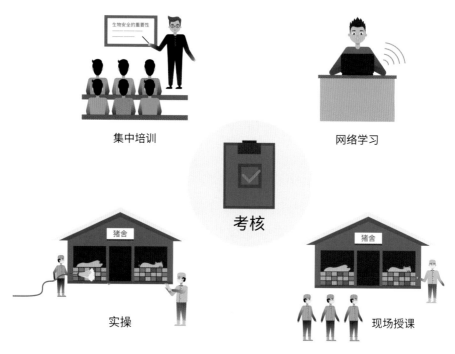

图11-2　人员培训

1.3 登记制度

人员完成生物安全操作后，对时间、内容及效果等详细记录并归档。

1.4 检查制度

制定生物安全逐级审查制度，对各个环节进行不定期抽检。可对执行结果进行打分评估。

1.5 奖惩制度

制定奖惩制度，对长期坚持规程操作的人员予以奖励，违反人员予以处罚。

2 人员培训

猪场可通过集中培训、网络学习、现场授课及实操演练等形式开展培训，并进行考核。

2.1 制定培训计划

猪场制定系统的生物安全培训计划。新入职人员须经系统培训后上岗；已在职人员持续定期培训，确保生物安全规程执行到位。

2.2 理论培训

重视人员理论知识学习，系统对疫病知识、猪群管理、生物安全原则、操作规范及生物安全案例等方面内容进行培训，提高生物安全意识。

2.3 实操培训

定期组织生物安全实操练习，按照标准流程和规程进行操作，及时纠偏改错，确保各项程序规范执行并到位。

2.4 执行考核

对完成系统培训的人员，进行书面考试和现场实操考核，每位人员均应通过相应的生物安全考核。